听爸爸讲身边的科子

生活里的秘密

张耀明 / 主编

马玉玲 / 编绘

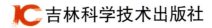

吉林科学技术出版社

CONTENTS

目录

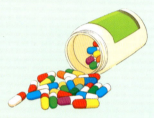

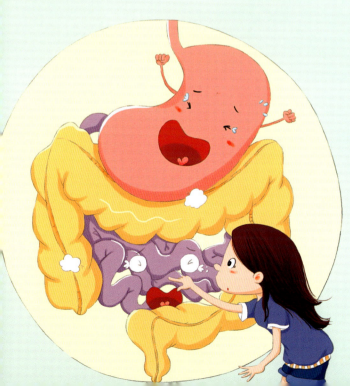

我们吃饭是为了吸收食物中的营养以获得生存。食物在被我们的牙齿嚼碎后，会先由唾液对其进行初步消化。随后，被嚼碎的食物再由胃进行更细致的消化，这样小肠就能吸收到更多的营养。但如果我们狼吞虎咽，大块的食物还没来得及被唾液消化，就一股脑地掉进胃里，胃肯定应付不过来，食物只被粗略地消化了一下就到了小肠里。没被消化好的食物会降低小肠的"工作效率"，于是，我们能吸收到的营养也就减少了。

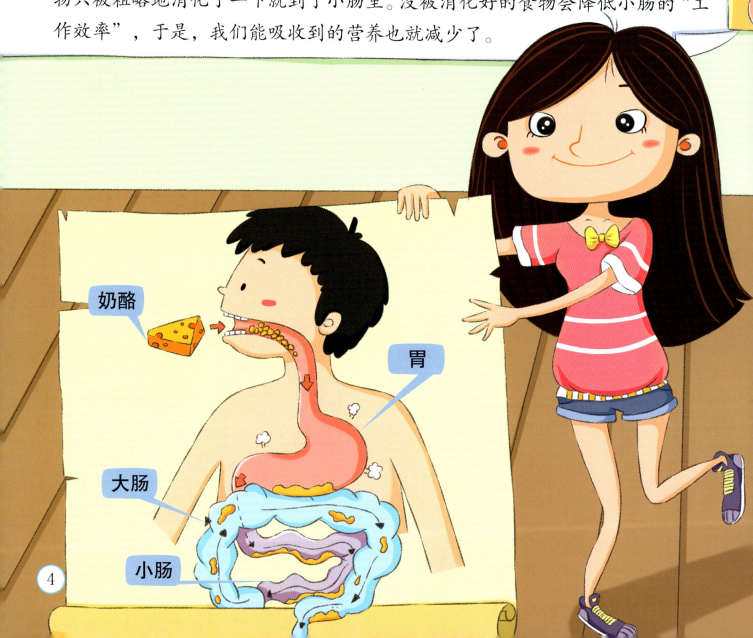

为什么吃饭要细嚼慢咽？

啊，真美味！

为什么水滴入热油锅中会爆？

太可怕啦！

几滴水不小心跌入了滚烫的热油锅中，还没等它们反应过来就变成了水汽，"拉"着少量的油蹦出了锅外，并发出了"砰砰"的响声。原来，水的沸点是100℃，而油的沸点往往在200℃以上。当水进入热油锅，达到沸点后，就会蒸发成水汽。水汽想逃出油锅，于是便用力推开周围的油，并撕裂包裹着它的油层，就产生了"砰砰"的爆炸声。

水

油

100℃

200℃

砰砰

哪些食物不能在微波炉里加热？

为什么眼泪是咸的？

呜呜～

看起来清澈的水，其实"身体"里藏着不少矿物质。当水被加热后，就会产生少量的碳酸钙和碳酸镁。碳酸钙和碳酸镁并不会被水溶解，于是它们索性赖在壶底，在壶底"住"了下来。随着烧水次数的增多，壶底的碳酸钙和碳酸镁也会越聚越多，渐渐地就形成了一层又白又硬的水垢。

水垢

碳酸钙

碳酸镁

为什么水壶里会形成水垢？

好多水垢呀！

27

大多数小朋友是惧怕吃药的，于是，人们便把药片做成了小朋友喜欢的颜色，以此来减少小朋友吃药时的恐惧。同时，人们还会在药片外包上糖衣来改善药片的味道。不仅如此，有颜色的"外套"还能防止光线透过药片，避免药品变质。另外，五颜六色的"外套"还能帮助人们区分不同种类的药物呢。没想到吧，药片色彩缤纷的"衣服"居然还藏着这么多小心思。

你知道吗？我们的大脑由许多神经细胞构成。白天，我们学习、工作时，这些神经细胞也在忙碌着。等到晚上，我们睡觉时，大脑的一部分神经细胞也会进入休息状态，可还有一部分神经细胞精神着呢。于是，它们就把白天的生活片段组成了"电影"，在我们脑子里"播放"，这就形成了各种各样奇幻、有趣的梦。

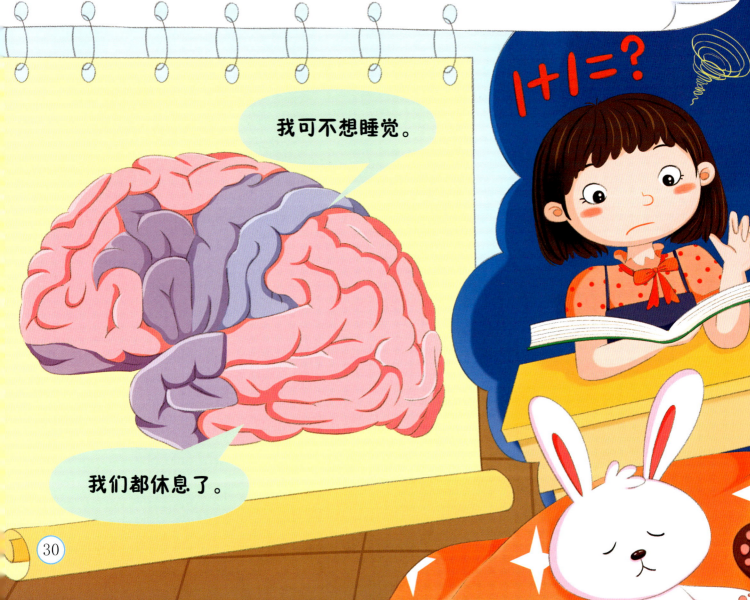

为什么睡觉时会做梦？

31

为什么肚子会"咕咕"叫？

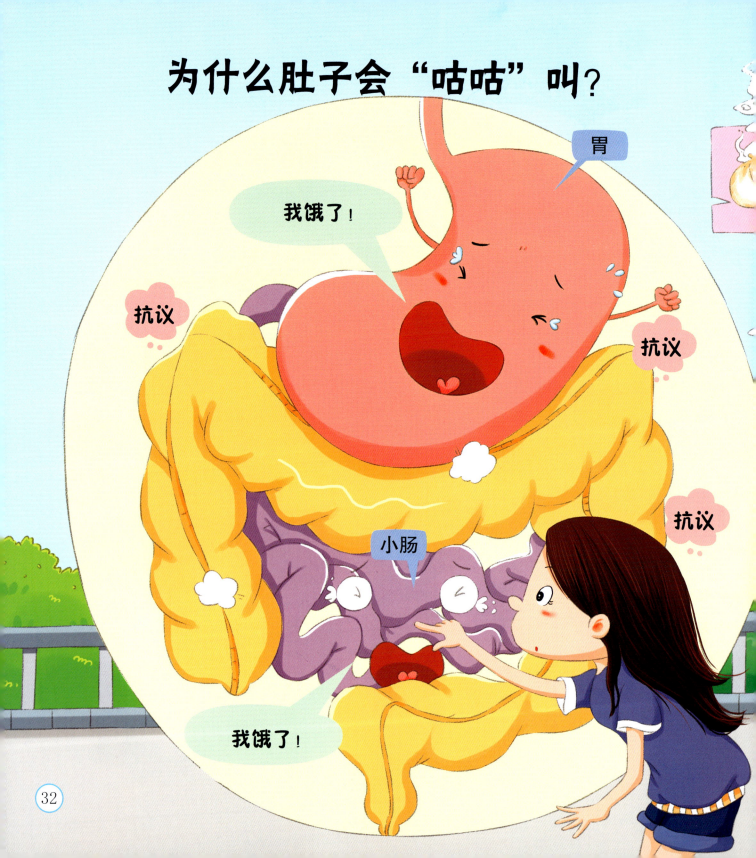

胃和小肠就像两个调皮的孩子，当肚子中没有可消化的食物时，它们就会发脾气，疯狂地扭动，以此来提醒主人："我饿了，你该吃东西啦！"此时，随着呼吸进入体内的空气就会被胃和小肠误当成食物，于是，它俩扭得更欢了。空气被挤得东奔西跑，肚子就发出了"咕咕"的声音。

好香呀，我的肚子都饿了。

"哈哈，我们马上就可以搬新家喽！"一群细菌手舞足蹈地在小朋友的手上欢呼着。这群细菌以前"住"在皮球上，刚刚小朋友在拍皮球时，它们便悄悄地"粘"在了小朋友的手上。按照细菌的计划，等小朋友用手抓东西吃时，它们就能"粘"在食物上，趁机"钻"入小朋友的口腔、肠道中，在那儿"安家落户"。可谁知，小朋友在吃东西前洗了手，细菌就这样被水冲走了，它们的计划也就泡汤了。

为什么吃东西前要洗手？

为什么天冷时皮肤会起鸡皮疙瘩？

当天气寒冷时，我们皮肤表面的温度感受神经就会向大脑寻求帮助："好冷啊，你快想想办法吧!"于是，大脑便会命令汗毛下的立毛肌收缩起来。收缩后的立毛肌看起来就像一个个小疙瘩，使皮肤像极了脱了毛的鸡皮。为了阻止体内热量的流失，立毛肌可费了不少功夫呢!

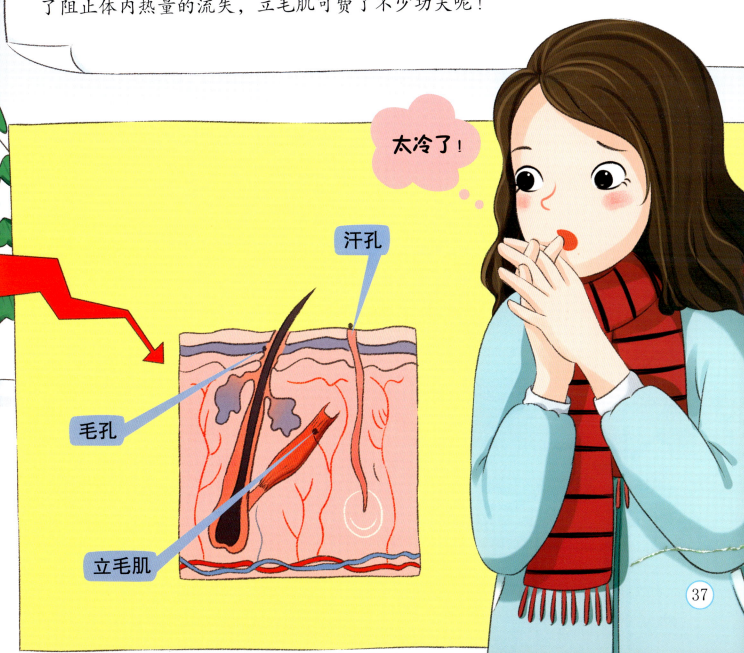

胳膊骨折后还不老实，总想动一动、扭一扭。还好石膏是个"热心肠"，它紧紧地将骨折的胳膊抱住，才阻止了骨折的胳膊乱动。打石膏，可以支撑和固定骨折的部位，避免骨折部位因反复运动而移位，加重骨折部位的伤势。多亏了石膏这位"贴身保镖"，骨折的部位才能更好更快地恢复。

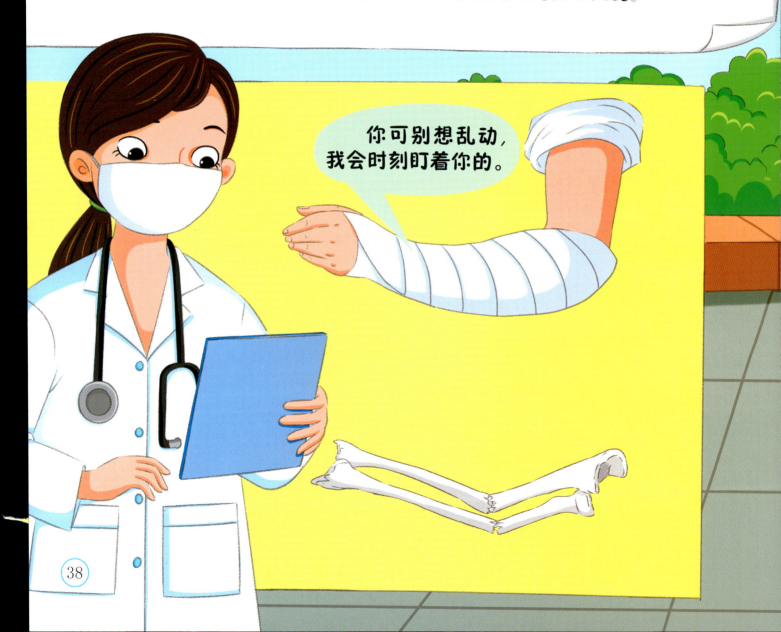

你可别想乱动，我会时刻盯着你的。

为什么有的人会晕车晕船?

人的耳朵由外耳、中耳、内耳三部分组成。内耳里长有平衡感受器——前庭器官。当我们乘车、乘船时，由于身体频繁地上下颠簸，左右摇晃，前庭器官就有了一种坐过山车的感觉，别提多刺激了。有些人的前庭器官适应能力比较弱，承受不住这种刺激，就产生了晕、恶心等感觉。

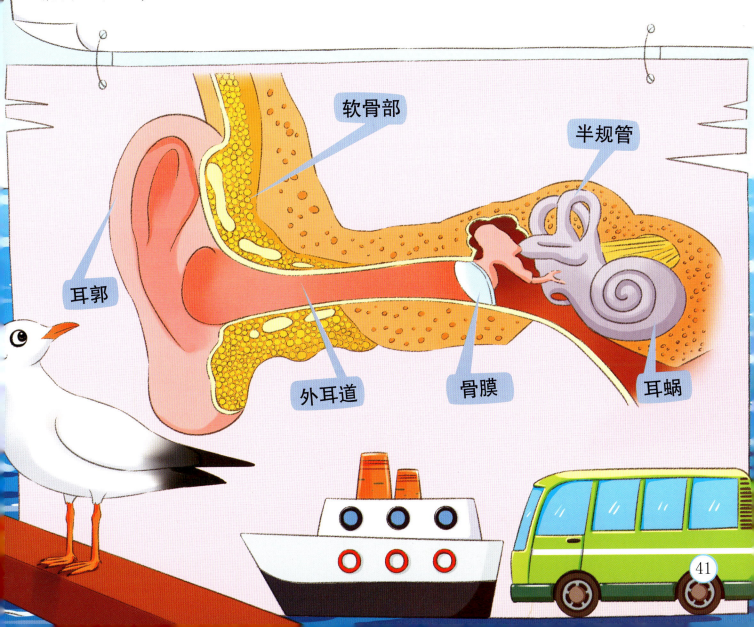

软骨部

半规管

耳郭

外耳道

骨膜

耳蜗

铁的性格非常活泼，它很喜欢交新朋友。当铁遇到氧气和水时，便会热情地跟它们来一个拥抱。可令铁没想到的是，这个拥抱让它的皮肤变得又红又斑驳。原来，铁、氧气和水会发生化学反应，生成一种名叫三氧化二铁的红褐色物质，也就是我们所说的铁锈。若要使铁不生锈，我们可以给它穿上一件"防锈服"，如刷上一层油漆，这样就能防止它和氧气及水接触啦！

为什么肥皂能洗净衣物？

高级脂肪酸钠盐是制作肥皂的主要材料，它就像一根绳子。"绳子"的一端喜欢油渍（zì），另一端则喜欢水。当把肥皂涂抹在衣服的油渍处时，喜欢油渍的那一端就会紧紧地抓住油渍，而喜欢水的那一端则会牢牢地抓住水。当用水冲洗衣物时，喜欢水的那一端就会把喜欢油渍的那一端"拽"入水中，这样油渍也被拉跑了，衣服就变干净啦。是不是很有趣？

肥皂像一位魔术师，把脏兮兮的衣服都变干净了。

45

为什么窨（yìn）井盖都是圆形的？

你发现了吗，井盖都是圆形的。原来，这是因为圆的每一条直径都相等，把井盖做成圆形，井盖就不会轻易掉入井里了。而其他形状的井盖因为内径长短不一，很容易就会掉入井中。而且，圆形井盖可以滚动，搬运起来更省力。另外，在往井口安装圆形井盖时，不需要特意找角度就能轻松将井盖安装好。没想到吧，不起眼的井盖竟藏着这么多小秘密。

为什么火焰总是往上升？

火焰总是往上蹿，原来是空气在"捣蛋"。炙热的火焰会把它周围的空气也烤得热烘烘的。空气变热后，体积增大了，密度就变小了。而周围那些没被烤热的密度大的冷空气就会趁机跑过来，把密度小的热空气挤向上方。这样一来，火焰周围就会不断有向上的气流，这些气流便会推着火焰一块儿往上跑。

为什么树干要刷上一层白浆？

这是为了保护大树哟。

为什么要给大树刷上白浆？

冬天要来了，人们陆陆续续开始给树干刷上白浆。原来，这是因为白浆的主要成分包括了石灰乳、石硫合剂、食盐，它们都具有一定的杀菌能力，可以消灭想要躲进树缝里过冬的害虫。同时，白浆还能起到防寒防冻的作用，刷上白浆后，大树就不会轻易被冻伤啦。你瞧，穿上"白礼服"的大树，看起来是不是神气极了？

自动售货机能辨认纸币，是因为它里面住着能识别钱币的小精灵吗？答案显然是否定的。事实上，自动售货机大大的"肚子"里装有一套钱币识别系统，它可以通过检测钱币的大小、材质、重量等来识别钱币种类、金额，以及辨别出钱币的真假。是不是很厉害？

自动售货机是如何辨认钱币的？

为什么自动售货机会辨认钱币？

你是不是很好奇，乘坐汽车为什么一定要系安全带呢？事实上，安全带就像一只有力的手，当我们把它系上时，它就会牢牢地"抱"住我们。这样即使汽车拐弯、突然刹车，甚至与其他物体发生剧烈碰撞，我们也不会被甩出座位。所以，安全带还被叫作"生命带"，它可以保护我们的安全。

为什么坐汽车要系安全带？

为什么鞋底上都有花纹?

鞋底为什么会有各式各样的花纹?

你发现了吗？鞋底上居然"藏"着各式各样的漂亮花纹，如水波纹、方块纹等。不过，这些花纹的作用并不是为了让鞋子变得更漂亮，而是为了增加鞋底与地面的摩擦力，这样，我们走路时，才没那么容易滑倒。跑步或登山时，可以选择鞋底花纹更深、更复杂的鞋子哟，这样不仅更安全，而且更省力。

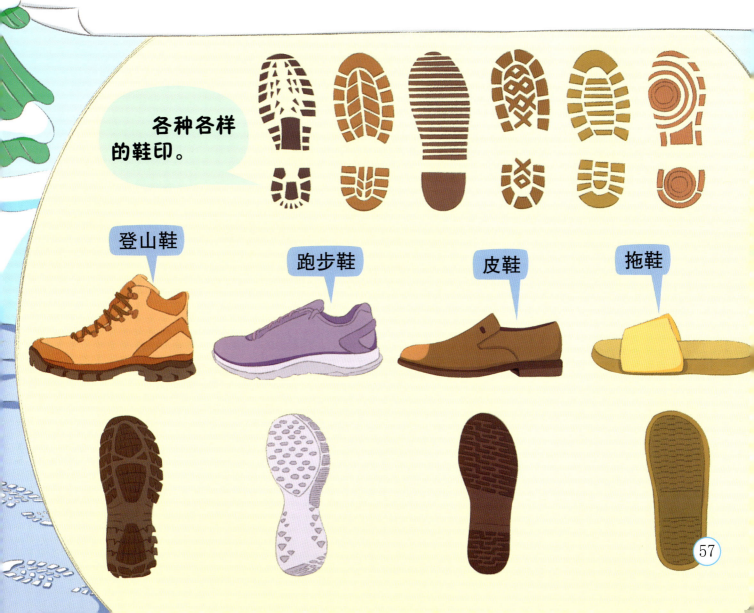

各种各样的鞋印。

登山鞋　　跑步鞋　　皮鞋　　拖鞋

为什么交通信号灯用红、黄、绿三种颜色？

警示

准许通行

红灯停，绿灯行，黄灯亮了等一等。

58

交通信号灯用红、黄、绿三种颜色更有利于人们辨识。与其他颜色相比，红色的波长比较长，哪怕是在雨、雾等看不清的情况下也具有较强的穿透力，更容易引起人们的注意，所以红灯被选作"禁止通行"的讯号。而绿色在色调环上与红色是一对互补色，有很大的差异，所以绿灯成了"准许通行"的讯号。黄色在色调环上则处于红、绿之间，且波长仅次于红色，所以黄灯成了"警示"的讯号。

禁止通行

图书在版编目（CIP）数据

生活里的秘密 / 马玉玲编绘 . — 长春 : 吉林科学
技术出版社，2023.11
（听爸爸讲身边的科学 / 张耀明主编）
ISBN 978-7-5744-0840-1

Ⅰ．①生… Ⅱ．①马… Ⅲ．①生活－知识－少儿读物
Ⅳ．① TS976.3-49

中国国家版本馆 CIP 数据核字（2023）第 178881 号

听爸爸讲身边的科学 · 生活里的秘密
SHENGHUO LI DE MIMI

主　　编　张耀明
出 版 人　宛　　霞
责任编辑　汤　　洁
助理编辑　王 耀 刚
插画设计　稚子文化
封面设计　喀左动力广告有限公司
制　　版　稚子文化
幅面尺寸　212 mm × 227 mm
开　　本　20
印　　张　3
字　　数　65 千字
版　　次　2023 年 11 月第 1 版
印　　次　2023 年 11 月第 1 次印刷

出　　版　吉林科学技术出版社
发　　行　吉林科学技术出版社
地　　址　长春市福祉大路 5788 号出版大厦 A 座
邮　　编　130118
发行部电话 / 传真 0431-81629529 81629530 81629531
　　　　　　　　　81629532 81629533 81629534
储运部电话　0431-86059116
编辑部电话　0431-81629517
印　　刷　长春百花彩印有限公司

书　　号　ISBN 978-7-5744-0840-1
定　　价　29.80 元